AI导航式提问法

用好 DeepSeek 与元宝的高效提问手册

谭少卿 超参数团队 编著

人民邮电出版社

北京

图书在版编目（CIP）数据

AI 导航式提问法：用好 DeepSeek 与元宝的高效提问手册 / 谭少卿，超参数团队著. -- 北京：人民邮电出版社，2025. -- ISBN 978-7-115-66790-8

Ⅰ．TP18-62

中国国家版本馆 CIP 数据核字第 20258NA109 号

内 容 提 要

随着人工智能（Artificial Intelligence，AI）技术的迅猛发展，DeepSeek、腾讯元宝等各类 AI 工具犹如雨后春笋般纷纷闯入大众的视野。如何巧妙地运用这些 AI 工具，充分挖掘并发挥出它们的最大潜能，已然成为大众聚焦的话题。

本书是帮你全面激发 AI 工具效能的"口袋魔法书"，紧密围绕高效办公、轻松学习、惬意生活这三大核心主题，带你探索各类场景中的 AI 实用小妙招，帮你掌握获得优质答案的提问技巧。

本书适合所有想要学习 AI 工具，掌握高效的 AI 交互技巧的读者阅读。

- ◆ 编　著　谭少卿　超参数团队
   责任编辑　胡俊英
   责任印制　焦志炜
- ◆ 人民邮电出版社出版发行　北京市丰台区成寿寺路 11 号
  邮编　100164　电子邮件　315@ptpress.com.cn
  网址　https://www.ptpress.com.cn
  涿州市般润文化传播有限公司印刷
- ◆ 开本：720×960　1/32
  印张：4　2025 年 4 月第 1 版
  字数：55 千字　2025 年 6 月河北第 2 次印刷

定价：29.80 元

读者服务热线：**(010)81055410**　印装质量热线：**(010)81055316**
反盗版热线：**(010)81055315**

目录

DeepSeek 是什么，不是什么？……1

DeepSeek 和腾讯元宝是什么关系？……2

DeepSeek 的这几个功能是什么？……3

"深度思考"带来哪些不同？……4

如何高效地向 AI 提问？……5

导航式提问法与其他提示词模板有什么区别？……7

AI 对两种问法的思考与回答是怎样的？……8

怎么使用这本书？……14

高效办公

信息调研……16

做信息调研时的提问清单……17

AI 行业调研分析师（通用版）……19

AI 行业调研分析师（"深度思考"版）……20

做行业调研分析报告……21

方案写作……24

方案写作提问清单……25

AI 高级解决方案专家（通用版）……27

AI 高级解决方案专家（"深度思考"版）……28

输出定制的解决方案……29

数据分析……32

做数据分析时的提问清单……33

AI 高级数据分析师（通用版）……35

AI 高级数据分析师（"深度思考"版）……36

输出专业的数据分析报告……37

更多的工作应用……40

DeepSeek 帮人事干"人事"……41

防止跨部门"甩锅"的技巧……44

快速搞定投标文件……45

轻松学习

打造专业学科教练……48
打造专业学科教练的提问清单……49

打造 AI 学科教练（通用版）……51

打造 AI 学科教练（"深度思考"版）……52

定制专属的学科教练方案……53

制订个性化学习计划……55
制订个性化学习计划时的提问清单……56

AI 学习规划师（通用版）……58

AI 学习规划师（"深度思考"版）……59

制订个性化学习计划……60

辅助科研论文写作……63
科研论文写作时的提问清单……64

AI 论文指导老师（通用版）……66

AI 论文指导老师（"深度思考"版）……67

AI 指导论文写作……68

更多的学习应用……71

古文场景化教学设计……72

让 DeepSeek 变身你的心理私教……73

借助 DeepSeek 迅速掌握手串相关的知识……74

惬意生活

穿搭篇……76

穿搭提问清单……77

AI 穿搭顾问（通用版）……79

AI 穿搭顾问（"深度思考"版）……81

DeepSeek 为你量身打造穿搭方案……82

饮食篇……88

健康饮食提问清单……89

AI 饮食顾问（通用版）……91

AI 饮食顾问（"深度思考"版）……92

个性化定制饮食方案……93

旅行篇……98

旅行攻略提问清单……99

AI 旅行顾问（通用版）……101

AI 旅行顾问（"深度思考"版）……102

私人定制旅行攻略……103

娱乐篇……107

制订休闲娱乐方案时的提问清单……108

AI 休闲娱乐助理（通用版）……110

AI 休闲娱乐助理（"深度思考"版）……111

专属你的休闲策划方案……112

惬意生活的更多应用……115

DeepSeek 是什么,不是什么?

简单地说,DeepSeek 是一个智能系统,可以作为我们的超级助理,是我们的"乙方"。

<u>DeepSeek 不是一个单纯的搜索引擎,更不是一个单纯听你指令的、只会执行命令的"机器人"。</u>如果只是把它单纯当作高级搜索、当作执行命令的机器人,就严重低估了它的价值。

DeepSeek 能帮我们完成如下工作:

DeepSeek 可以做什么

① 信息获取与整理
智能搜索
数据提取
内容摘要
多语言翻译

② 辅助创作与设计
文案写作
启发灵感
代码编写
内容优化

③ 决策与优化
数据分析
预测与建议
任务自动化
风险评估

④ 学习与教育
制订个性化学习计划
知识点解析
学习进度跟踪
论文写作支持

⑤ 生活助手
健康管理
旅行计划
财务管理
穿搭指南
娱乐推荐

DeepSeek 和腾讯元宝是什么关系？

腾讯元宝接入了 DeepSeek-R1 满血版模型，依托腾讯云算力可实现秒级响应，避免卡顿。腾讯元宝还支持双模型协同（DeepSeek-R1 和混元 T1），具备多模态能力（支持文生图、读图分析等），并深度绑定腾讯文档、企业微信等产品，使用更便捷。DeepSeek 的用户界面（参见下图左图）和腾讯元宝的用户界面（参见下图右图）有很多相似的地方，具体如下。

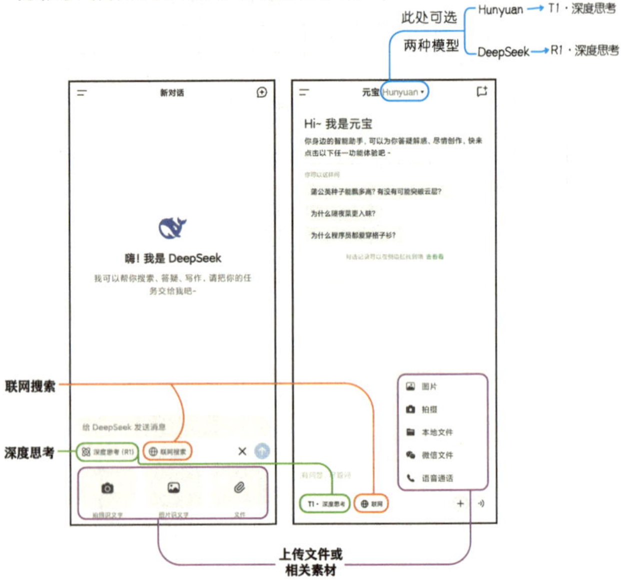
此处可选
两种模型
Hunyuan → T1 · 深度思考
DeepSeek → R1 · 深度思考
新对话
嗨！我是 DeepSeek
元宝 Hunyuan
Hi~ 我是元宝
联网搜索
深度思考
图片
拍摄
本地文件
微信文件
语音通话
上传文件或
相关素材

DeepSeek 的这几个功能是什么?

结合 DeepSeek App 界面,我们详细介绍一下几个常用的功能。

上传文件:除了采用文字交互方式,用户也可以上传文件(如文档、图片、表格等)或者拍照发给 DeepSeek。

"深度思考":如果一件事情你非常清楚地知道怎么做,并且能描述出来,比如有标准的操作流程(Standard Operating Procedure,SOP),只需要让 DeepSeek 按照你的想法实现,那么不需要打开"深度思考"就可以获得很好的回复。<u>在不打开"深度思考"时,一般来说它回复得会比较快。</u>

如果一件事情你并不是特别清楚怎么去做,或者一时半会儿描述不出来,就可以打开"深度思考",让 DeepSeek 帮你来开阔思路,给你提供启发或者答案。<u>一般来说这时它回复得会比较慢。</u>

联网搜索:如果你需要根据网络上的新闻、某些资讯来帮助你得到答案,可以打开"联网搜索"。如果你只需要进行一些头脑风暴,并不需要参考网络上的最新数据,则不需要打开"联网搜索"。

"深度思考"带来哪些不同？

当用户未打开"深度思考"时，大模型就处在非推理模型状态，这时用户往往需要使用提示词技巧，才能获得更好的答案。因为 AI 需要你提供详细的指导，才知道该怎么工作。就像一个听从指令的机器人。

但是，当用户打开"深度思考"后，大模型就具备强大的"思考能力"，并且会把思考过程呈现出来，指导其完成后续的回答。因此你可以根据 AI 的思路，检查有哪些遗漏，更有针对性地进行提问。打开"深度思考"后，AI 就像一个有一定自主思考能力的助理。

同时，这也就意味着，你也不需要使用复杂的提示词技巧，只需要把问题讲明白，它就会自己思考怎么满足你的需要，并尽量一次给你回答清楚。

但把问题讲明白是一件简单的事情吗？

当然不是！且不谈与 AI 沟通，如果我们仔细观察，会发现在生活中，即使是在两个人之间，都很难用一句话把问题说明白。因此，向 AI 提问的核心，是提升我们的表达技巧，真正实现高效地向 AI 提问。

如何高效地向 AI 提问?
——就用导航式提问法

认知心理学教我们这样描述问题——**目标**、**给定**、**障碍**。

🐦 概念解释

(1) **目标:** 关于构成问题结论的描述,即问题要求的答案或目标状态。

(2) **给定:** 一组已知的关于问题条件的描述,即问题的起始状态。

(3) **障碍:** 解决问题的方法往往不是显而易见的,得通过一定的思考,克服一定的困难才能找到答案或达到目标状态。

通俗地说:你要去哪儿(目标),你的起点(给定),路上可能有哪些障碍(障碍)。

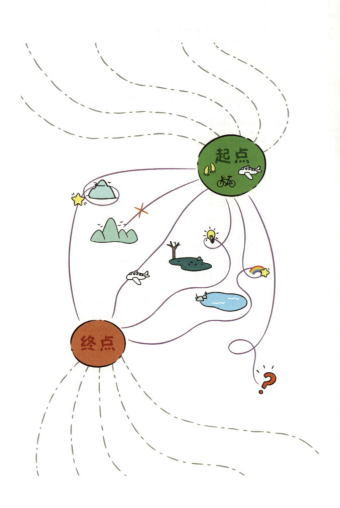

导航式提问法与其他提示词模板有什么区别?

网上有很多提示词模板,如果你把它们映射到导航式提问法中的三要素,你会发现很多提示词模板只强调了**目标**,欠缺对自己情况(**给定**)的说明,更少有对**障碍**——也就是可能存在哪些障碍的思考。

而**给定**和**障碍**这两部分,对 AI 获知我们个人的特殊情况至关重要。表达清楚自己的情况,才能让 AI 更清楚地回答我们的个性化问题,满足我们的个性化需求。问题越清晰,回答就越清晰。问题越个性化,回答就越个性化。

举一个例子,一般情况下,大家可能会这样向 AI 提问:

> 我是一个小红书博主,想要使用 AI 帮我更好地写出高质量的爆款笔记,你有什么建议?

但一个涵盖三要素的导航式提问是这样的:

> 我是一个小红书博主,是母婴分区的,想要使用 AI 帮我更好地写出高质量的爆款笔记,请给我具体的建议。但是我听说要用好 AI 必须要会高深的提示词才行,有没有适合我的方法?

AI 对两种问法的思考与回答是怎样的?

以下是 DeepSeek 对第一个问题的思考:

已深度思考(用时 17 秒)

好的,我现在需要帮一位小红书博主用 AI 写出高质量的爆款笔记。首先,我得理清楚用户的需求。用户可能已经有一定的内容创作经验,但希望借助 AI 提升效率和质量,增加爆款的可能性。接下来,我需要考虑小红书平台的特点,比如用户群体主要是年轻女性,喜欢美妆、时尚、生活方式等内容,内容需要视觉吸引力和实用性兼备。

用户可能对 AI 工具不太熟悉,需要推荐一些易用且有效的工具,比如 ChatGPT、Jasper 等,这些工具能帮助生成标题、正文和关键词。同时,用户可能需要具体的操作步骤,比如如何用 AI 分析热门话题,生成吸引人的标题,优化正文结构等。

还要考虑用户可能没提到但也非常重要的点,比如内容的人性化和真实性。AI 生成的内容可能过于死板,需要调整语气,加入个人经历和情感,让笔记更亲切。此外,数据分析也很重要,用户可能需要学习如何用 AI 工具分析笔记表现,调整策略。

需要分步骤思考:首先选题,用 AI 找热门话题;然后生成标题和正文,优化关键词;接着调整内容风格,加入互动元素;最后分析数据,迭代优化。每个步骤都要结合具体工具和方法,给出实用建议,比如用 ChatGPT 生成多个标题选项,再人工筛选最佳。

还要注意可能的误区,比如过度依赖 AI 导致内容同质化,建议用户保持个人风格,结合自身经验。同时,提醒用户注意平台规则,避免违规,比如使用合适的标签,避免敏感词。最后,确保建议全面,涵盖内容创作的各个环节,从选题到发布后的分析,帮助用户形成闭环的工作流程,持续产出爆款内容。

以下是 DeepSeek 对第一个问题的回答：

作为小红书博主，善用 AI 工具能大幅提升内容质量和效率。以下是打造爆款内容的系统化建议，结合平台特性和 AI 的优势。

一、爆款选题挖掘

AI 热点追踪

- 使用「今日热榜」「新榜」等工具抓取全网热点，输入关键词到 ChatGPT 分析："根据 2023 年美妆趋势，帮我想 10 个适合油皮夏季护理的差异化选题"。
- 用「灰豚数据」查看小红书实时上升热点，输入 Notion AI 生成选题脑暴清单。

爆款复刻公式

- 用「蝉小红」导出同类账号的爆文，将标题/关键词输入 Claude.ai："分析这些标题的爆款公式，总结 3 个可复用的内容结构模板"。

二、标题优化技巧

情绪钩子生成

向 ChatGPT 输入指令："生成 10 个针对春季穿搭的标题，要求：前 5 字制造悬念，中间突出痛点，结尾引导互动。例：'梨形身材慎入！显瘦 10 斤的穿搭……'"。

数据强化器

使用 Jasper 的 AIDA 公式模板，自动生成含数据的标题变体："3 天涨粉 2W｜被问爆的露营装备清单（附……）"。

三、内容结构设计

黄金模板生成

给 ChatGPT 示例指令："按小红书爆款结构生成护肤分享框架：痛点共鸣→亲身经历→解决方案→效果对比→好物清单→互动问答"。

视觉化文案

用 DALL·E 3 生成场景图关键词："夏日 ins 风书桌摆拍，阳光透过百叶窗，笔记本电脑旁有冰咖啡和粉色笔记本"。

四、人格化内容塑造

人设话术训练

用 Claude.ai 分析往期爆文："提取我文案中的高频情绪词和句式特点，生成一份'毒舌美妆博主'话术手册"。

互动埋点设计

指令示例："帮我在这篇亲子游攻略中插入 3 个互动钩子：投票选择下期主题 + 童年故事征集 + 晒图 @ 我抽奖"。

五、数据化运营迭代

评论区管理

用「零克互动」标记高价值评论，输入到 ChatGPT："根据这些提问生成 5 条后续笔记选题，格式：痛点 + 解决方案型"。

爆款因子分析

将笔记数据导入「千瓜」，用 ChatGPT 插件分析："对比爆文和普通笔记的关键词密度 / 发布时间 / 话题标签差异，输出优化方案"。

避坑指南

- 用 Grammarly 检查 AI 内容避免违禁词。
- 通过 Originality.ai 检测内容原创度。
- 重要节点（如大促前）提前用 AI 生成 30 条备选标题库。

建议建立 AI 工作流：用 Notion 管理选题库→用 ChatGPT 生成初稿→用 Writesonic 优化关键词→用剪映生成 AI 口播视频→数据复盘优化。记得每周用 AI 分析爆文，持续迭代内容公式，保持 30% 个人特色 +70% 数据验证的内容配比。

以下是 DeepSeek 对第二个问题的思考：

已深度思考（用时 17 秒）

嗯，用户是一个小红书母婴分区的博主，想用 AI 写出高质量的爆款笔记，但担心需要高深的提示词技巧。首先，我需要了解她现在的痛点是什么。可能她试过用 AI 生成内容，但效果不理想，或者不知道如何有效引导 AI。她需要具体的建议，而不是泛泛而谈。

接下来，我得考虑母婴领域的特点。这个领域的受众主要是妈妈们，关心育儿知识、产品推荐、亲子互动等。爆款笔记通常需要实用性强、情感共鸣、视觉吸引力。所以，AI 生成的文案需要符合这些要素。

用户提到听说需要高深的提示词,可能对技术门槛有顾虑。这时候要提供简单易行的方法,降低她的使用难度。可能需要分解任务,分步骤指导,比如选题、标题、正文结构、互动技巧等。

然后,我需要回忆常见的 AI 提示词技巧,比如角色设定、结构化输出、关键词强调、案例参考等。结合母婴场景,举具体的例子,比如让 AI 扮演育儿专家,或者生成互动问答形式的内容。

还要考虑用户可能没提到的需求,比如如何保持内容的人性化和避免 AI 的机械感。这时候需要建议她加入个人经历和情感元素,以及后期润色调整。

最后,确保建议具体、可操作,比如给出具体的提示词模板,分步骤说明,并举例说明。这样用户可以直接套用,提升效率,同时增强她的信心,不需要高深技巧也能用好 AI。

以下是 DeepSeek 对第二个问题的回答:

作为母婴博主,用好 AI 的关键不是掌握复杂技巧,而是学会结构化表达需求。给你一套可直接套用的方法,附带具体操作模板。

一、选题阶段的 AI 用法

模板:请用母婴博主思维,列出 10 个【具体场景】相关的爆款选题,要求同时满足:①能引发新手妈妈共鸣 ②包含具体痛点 ③适合植入【产品类型】的自然种草。

案例:请用母婴博主思维,列出 10 个「6 月龄宝宝辅食添加」相关的爆款选题,要求同时满足:①能引发新手妈妈共鸣 ②包含具体喂养痛点 ③适合辅食工具自然种草。

二、标题优化技巧

模板:

请为这篇关于【主题】的笔记优化 5 个小红书爆款标题,要求:

使用表情符号分隔信息点

包含「避坑 / 亲测 / 抄作业」等关键词

制造好奇心缺口

突出实用价值

案例：请为这篇关于「宝宝自主入睡训练」的笔记优化 5 个标题……
三、正文结构生成法
模板：请用「痛点场景 + 解决方案 + 避坑指南 + 好物推荐」结构，撰写关于【具体育儿问题】的笔记框架，要求：

开头用「当妈后才懂……」句式引发共鸣

包含 3 个真实带娃场景描述

推荐产品时突出「用过才敢说」的真实体验

结尾用「如果……一定要……」句式强化行动指令
四、互动技巧生成
模板：请设计 3 个适合放在文末的互动问题，要求：

使用「有没有同款妈妈……」句式

引发评论区经验分享

促进收藏转发行为

适合【具体内容场景】
五、人性化处理技巧
在 AI 产出后加入具体案例：「就像上周给我家小宝试 xxx 的时候……」

用口语化改写工具词：将「综上所述」改为「当妈三年摸爬滚打总结」

添加「个人经验提示」：「每个宝宝情况不同，我家这样成功了，但建议根据……」
六、爆款元素叠加法
给 AI 的提示词中必须包含：① 特定人群（如：新手妈妈）② 具体场景（如：半夜哄睡崩溃时刻）③ 情绪价值（如：告别焦虑 / 少走弯路）④ 实用价值（如：附资源下载 / 清单表格）

案例模板：「请以 '职场妈妈高效备餐攻略 ' 为主题，针对 6~12 月龄宝宝辅食，创作包含：① 3 个职场妈妈真实痛点场景 ② 冷冻辅食营养保存技巧 ③ 一周备餐模板表格 ④ 快手工具推荐。要求语言温暖有力量，结尾用 ' 妈妈不是超人，但可以为爱变强大 ' 收尾。

记住：AI 是素材库，关键是用你的育儿经验做筛选。建议先用 AI 生成 3 版不同风格的内容，再手动组合最打动你的段落，最后添加真实带娃照片 / 故事增加可信度。

显然，DeepSeek 对第一个问题的回答是泛泛之谈，而对第二个问题的回答则更具有针对性，更能满足提问者的需要。

当然，DeepSeek 给出的建议已经很不错了，但主要还是行业通用的知识。如果你按照我们的三要素，对自己的目标、给定、障碍做更清晰细致的描述，则能获得更好的反馈。

比如，在**目标**里你可以说明，写出来的笔记是要追求阅读量、主页访问量还是账号关注量。

在你的**给定**里，可以说明你的母婴账号的典型粉丝画像是什么样的，你想要跟竞品账号有明确差异吗？或者说明具体的差异，或者你想参考什么样的笔记内容。

在你的**障碍**里，可以说明你有哪些不便，比如没空做广泛的调研和选题，对育婴知识的认识是中级水平、不一定有完全的判断力等。

怎么使用这本书？

基于**目标**、**给定**、**障碍**三要素的模式，在表达自己的需求时，能清晰地、全面地表达出来，实际也并不容易，因为每个人不可能在所有方面都是专业的。

那么，本书针对大家**工作、学习、生活**这三大主题，提出了在描述每一类问题的时候，需要注意的基本问题要素。我们还将这些要素整理成一系列"提问清单"和"逻辑框架图"，以帮助你更轻松地厘清思路和需求。

你可以根据这些基本要素组织自己的对话（提示词），这样你只需要"填表"就好了。

另外，在每个主题下，我们还为每个场景提供了两种互动式的提示词，你只需要发给 AI，它即可主动询问你的需求，而不必书写任何复杂的提示词。这两种提示词分别适用于**通用版**（即不打开"深度思考"）和**"深度思考"版**。

你也可以把本书当作一本使用 DeepSeek 及相关大模型应用（如腾讯元宝等）时，能够随时查阅的"口袋书"。

信息调研

做信息调研时的提问清单

说明： 与 AI 沟通时，请整理清楚自己的目标、给定、障碍，尽量包含以下 要素，越清晰越好。

要素	关键内容
调研目标	明确调研的核心目的（市场趋势 / 分析竞争对手 / 评估用户需求 / 验证产品可行性等）
调研对象	消费者（年龄、性别、收入、地域等）/ 企业（行业、规模、决策者等）/ 员工等
行业领域	主领域 +5% 相邻领域扩展（如科技→教育科技）
时间范围	历史数据 / 实时数据 / 预测数据 / 时间区间
地理范围	中国（东北 / 华北，或北京等）/ 中东 / 欧美等
调研方法	定量调研、定性调研、混合调研等
数据来源	一手数据（调研问卷、访谈记录、内部资料等）/ 二手数据（行业报告、数据库、学术文献等）
关键指标	市场规模、增长率、用户满意度、用户忠诚度、竞争对手市场份额等
假设	目标市场稳定增长
限制	样本量不足、数据偏差等
输出	PPT、报告、表格、清单等

我们可以通过以下这张**提问清单的内在逻辑框架图**来加深对 要素 之间关系的理解,当然你也可以直接使用清单提问。

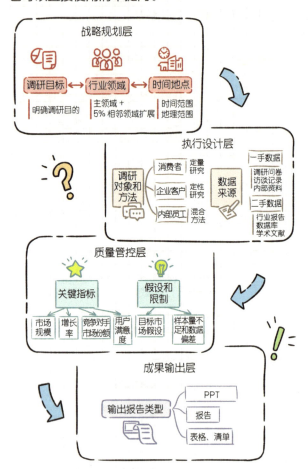

AI 行业调研分析师（通用版）

小提示： 请关闭"深度思考"，根据实际需求选择是否打开"联网搜索"。

请为我定制一份关于 DeepSeek 以及幻方量化公司发展情况的调研报告。
你需要参考如下要素书写调研报告。具体要素如下。

调研目标：DeepSeek 和幻方量化公司的发展报告
调研对象：DeepSeek 和幻方量化
调研方法：混合调研方式
数据来源：行业报告、网站、互联网公开信息
关键指标：包括但不限于市场规模、发展规律、业务增长率、竞争对手市场份额等
限制：信息校验
输出：Word 报告

你要像我的高级行业调研分析师一样，专业严谨、经验丰富。请你根据以上要素，好好设计你的调研报告，如果以上要素已经足够你输出报告，请直接输出并询问我对该报告是否满意，有没有其他要考虑的要素。请注意，因为我不是 AI 行业从业者，所以请使用通俗易懂的语言书写分析报告。

🎯 AI 行业调研分析师
（"深度思考"版）

小提示： 打开"深度思考"和"联网搜索"。

> 请为我定制一份 DeepSeek 以及幻方量化公司发展情况的调研报告。
> 1. 你需要依据我的方案主题进行分析，列出一个完整的行业分析报告需要包含的所有要素。
> 2. 联网获取所有的必要信息。
> 3. 根据以上所有获取的信息，写一份定制的调研报告，以时间线的形式呈现。
> 请注意，因为我不是 AI 行业从业者，所以请使用通俗易懂的语言书写分析报告。

做行业调研分析报告

以下将给出一些实例,你可以直接使用本书给出的提示词,也可以根据你的实际主题进行调整。

小提示: 你可以直接使用如下提示词向 AI 提问。如果你已经打开"深度思考",浅绿色内容可以省略。

选品调研

请生成一份出海电商小商品选品调研报告。
你需要考虑如下条件。

目标：筛选出在东南亚市场具有高需求的小商品品类，重点关注利润高和销量潜力大的品类。

对象：目标消费者为 18~35 岁的年轻人，偏好高性价比和功能性产品。

方法：结合 Shopee、Lazada 平台的销售数据和 Google Trends 搜索热度数据进行分析。

数据来源：使用近 6 个月的电商平台数据和社交媒体趋势分析。

时间范围：分析过去 12 个月的销售数据并预测未来 6 个月的流行趋势

地理范围：聚焦东南亚市场，特别是印尼、泰国和越南。

关键指标：重点关注销量增长率、利润率、用户评价分数。

输出：请提供详细的选品建议，包括品类推荐、定价策略和市场进入建议。

我并不确定物流成本是否可控，你需要注意文化差异导致的选品偏差。

开店选址调研

请为我生成一份在北京开设蜜雪冰城的选址调研报告。

目标：找到适合开设蜜雪冰城店铺的最佳位置，重点关注人流量大且消费群体匹配的区域。

对象：目标消费者为 18~35 岁的年轻人，偏好高性价比茶饮。

方法：结合人流量数据分析、竞争对手分布分析和消费者问卷调查。

时间范围：分析过去 12 个月的人流量数据，并参考未来 6 个月的城市规划。

地理范围：聚焦海淀区、朝阳区、西城区、东城区和丰台区。

关键指标：重点关注人流量、店铺租金水平、竞争对手数量和消费者满意度。

输出：提供详细的选址建议，包括优选区域、租金分析和市场进入策略。

限制：目标区域的消费能力有差别，需注意城市规划变化带来的影响。

方案写作提问清单

说明: 与 AI 沟通时,请整理清楚自己的目标、给定和障碍,尽量包含以下 要素,越清晰越好。

要素	关键内容
方案类型	客户方案、内部方案、技术方案、商业方案等
方案用途	解决问题、优化流程、推广产品等
方案受众	客户高层、技术团队、内部决策者等
受众需求	描述客户需求
关注点	如成本、效率、创新性、可行性、回报性等
核心需求	说明需求的背景和重要性
方案结构	明确方案的基本结构(如背景分析、解决方案、实施计划等)
案例支撑	说明是否需要引用成功案例或参考项目
数据支撑	明确是否需要数据支持(如市场数据、技术参数等)
语言风格	如专业严谨、简洁明了、客户导向等
附加要求	明确其他特殊要求(如字数限制、图表需求、参考文献等),说明是否需要多语言支持或特定地区的市场分析
输出规范	明确输出格式(如 Word 文档、PPT 等)

我们可以通过以下这张**提问清单的内在逻辑框架图**来加深对 要素 之间关系的理解,当然你也可以直接使用清单提问。

AI 高级解决方案专家
（通用版）

小提示： 请关闭"深度思考"，根据实际需求选择是否打开"联网搜索"。

> 请为我写一份 DeepSeek 在广告行业应用的解决方案。
> 你需要参考如下要素书写方案。具体要素如下。
> ---
> 方案类型：行业应用方案。
> 方案受众：内部运营团队。
> 受众需求：用 DeepSeek 帮助内部运营团队提效，了解 DeepSeek 在广告投放中的应用。
> 关注点：运营提效、投放方案创新。
> 核心需求：运营团队应用 DeepSeek 工具对投放广告的创意生产、数据分析和工作流程进行优化。
> 方案结构：业务现状、背景分析、应用场景。
> 数据支持：市场应用的数据。
> 输出规范：Word 文档。
> ---
> 你要像我的私人解决方案专家一样，理解客户需求，保持专业、严谨的态度。请你根据以上要素，好好设计你的方案，如果以上要素已经足够你输出方案，请直接输出并询问我对该方案是否满意，有没有其他要考虑的要素。
> 请注意，因为我不是 AI 行业从业者，所以请使用通俗易懂的语言书写解决方案。

AI 高级解决方案专家
（"深度思考"版）

小提示： 打开"深度思考"和"联网搜索"。

> 请为我书写一份 DeepSeek 在广告行业应用的解决方案。
> 1. 你需要依据我的方案主题进行分析，列出一个完整的解决方案需要包含的所有要素。2. 联网获取所有的必要信息。3. 根据以上所有获取的信息，写一份定制的解决方案，以文本方案形式输出。
> 请注意，因为我不是 AI 行业从业者，所以请使用通俗易懂的语言书写方案。

输出定制的解决方案

以下将给出一些实例,你可以直接使用提示词,也可以根据你的实际主题进行调整。

小提示: 你可以直接使用如下提示词向 AI 提问。如果你已经打开"深度思考",浅绿色内容可以省略。

智能制造解决方案

生成一份面向制造业客户的智能制造解决方案。
- 目标受众:客户高层。
- 核心需求:提升生产效率和降低成本。
- 方案结构:包括背景分析、解决方案、实施计划和风险应对。
- 语言风格:专业严谨。
- 附加要求:包含数据支撑和成功案例。
- 输出:Word 文档的方案结构提纲。

限制:需要明确可能遇到的风险和市场风险以及应对策略。

月度汇报的业务方案

请做一个用于公司内部月度汇报的业务方案。
- 方案类型：关于业务进展的月度汇报。
- 汇报对象：公司总经理。
- 汇报对象喜好：重逻辑、用数据说话。
- 核心需求：总结本月工作进展，分析未达成原因并提出改进措施。
- 数据支撑：本月关键业务数据分析。
- 背景：确保团队目标与公司战略一致。
- 方案结构：月度回顾、目标达成情况、问题分析、改进措施、下月工作计划。
- 语言风格：简洁明了，重点突出。
- 输出：带有图表和分析结论的 PPT。

注意：汇报时长控制在 20 分钟内。

数据分析

做数据分析时的提问清单

说明: 与 AI 沟通时,请整理清楚自己的目标、给定和障碍,尽量包含以下 要素,越清晰越好。

要素	关键内容
数据类型	经营数据、广告投放数据、项目管理数据、投资回报数据等
角色	数据分析师、业务经理、市场营销人员等
分析方法	描述性分析(涉及基本的统计方法,如均值法、中位数法、标准差法等)、探索性分析(涉及散点图、相关性分析等,用于找出数据之间的关系和模式)、预测分析(涉及统计模型或机器学习模型,如线性回归、决策树等)、规范性分析(需要建立模型或使用算法,如聚类分析、主成分分析)等
分析呈报对象	高级管理层(需要汇总的关键数据和战略建议等)、合作伙伴(需要了解项目的进度和合作成果)、团队成员(需要具体的操作指南和建议)等
输出规范	图表(直观地展示数据)、列表或表格(使数据结构化)、使用颜色突出显示关键数据点

我们可以通过以下这张**提问清单的内在逻辑框架图**来加深对 要素 之间关系的理解,当然你也可以直接使用清单提问。

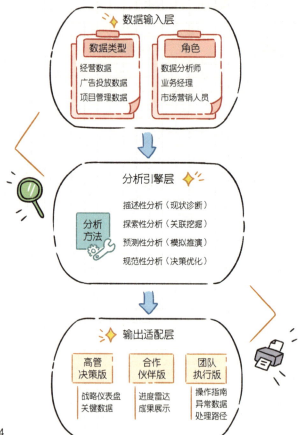

AI 高级数据分析师（通用版）

小提示： 请关闭"深度思考"，根据实际需求选择联网搜索是否打开，点击右侧回形针按钮 📎 上传文件。

请为我输出一份关于信息流投放的数据分析报告，根据我上传的源数据文件。
你需要参考如下要素给出一份投放数据分析报告。具体要素如下。

数据类型：广告投放数据。
角色：运营人员。
分析呈报对象：部门管理者。
报告要求：需要汇总关键数据、变化趋势、变化的原因和投放策略调整建议。
输出规范：包含图表的数据分析报告。

你要像我的私人数据分析师一样，严谨认真。请你根据以上要素，分析历史数据的变化趋势，做好风险分析，然后输出数据分析报告，并在最后询问我对该报告是否满意，有没有其他需要考虑的要素。
注意：如果有干扰的数据因素，请罗列出来。

AI 高级数据分析师
("深度思考"版)

小提示： 打开"深度思考"和"联网搜索"。

> 请为我准备信息流广告投放的数据分析报告。
> 1. 你需要依据上传的文件进行分析，列出一份完整的广告投放数据分析报告所需的所有要素。
> 2. 根据以上的数据，写一份数据分析报告。
> 注意：该分析报告用于内部调整广告投放策略使用，请详细分析数据变化和可能的原因。

输出专业的数据分析报告

以下将给出一些实例,你可以直接使用提示词,也可以根据你的实际主题进行调整。

销售数据预测

小提示： 请先将第一季度的销售数据表上传到 DeepSeek。然后，直接使用如下提示词向 AI 提问。如果你已经打开"深度思考"，浅绿色内容可以省略。

> 请根据第一季度的销售数据做下个季度的销售数据预测。
> - 数据类型：销售数据表。
> - 分析角色：销售总监。
> - 分析方法：规范性分析和预测分析。
> - 分析内容：第一季度数据总结和第二季度数据预测。
> - 呈报对象：高级管理层。
> - 输出：数据表格和分析结论，高亮标识重点数据。
>
> 限制：由于涉及多份不同规范的数据表格式，因此需要整体处理和分析。

广告投放数据分析

小提示： 你可以先将广告投放数据表上传到 DeepSeek。然后，直接使用如下提示词向 AI 提问。如果已经打开"深度思考"，浅绿色内容可以省略。

请做一个给客户的广告投放数据分析报告。
- 数据类型：广告投放数据。
- 分析角色：市场营销专家。
- 分析方法：规范性分析和探索性分析。
- 分析内容：客户的历史投放数据汇总。
- 呈报对象：客户。
- 输出：带有图表和分析结论的 PPT。

重点：关注用户转化路径和转化数据。

更多的工作应用

我们将再列举几个在工作中会用到 DeepSeek 的案例,你也可以试试带入你的工作应用中,希望能给你一些小小的启发。

DeepSeek 帮人事干"人事"[1]

公司的 HR 经常被琐碎的事情占用大量精力，导致花在员工关系或者人文关怀上的时间大打折扣。DeepSeek 可以帮 HR 减负，释放更多的精力，专注在"人"上，以下罗列一些可以结构化 HR 工作的应用场景。

智能招聘

DeepSeek 可以秒读简历，自动匹配岗位，提升筛选效率。

小提示： 你可以先将简历文件上传到 DeepSeek，每次上传文件不超过 50 个。然后，直接使用如下提示词向 AI 提问。

> 请根据以下职位要求，筛选出符合条件的简历。
> 职位是数据分析师，要求有 3 年以上数据分析经验，熟悉 Python 和 SQL，具备统计学背景。
> 注意：请根据职位要求和候选人简历提供匹配评分。

---

[1] 此处第一个"人事"指的是人事专员（后简称 HR），第二个"'人事'"指的是人事专员所负责的各项事务。

绩效管理与评估

DeepSeek 可以帮助 HR 分析员工的绩效数据,生成可视化报告,并推荐更有效的激励措施,有效提升员工满意度和留存率。

小提示: 你可以先将绩效数据文件上传到 DeepSeek,每次上传文件不超过 50 个。然后,直接使用如下提示词向 AI 提问。

> 请分析我公司员工的绩效数据并给出分析报告和优化建议。
> 1. 请根据已上传的绩效文件进行分析,列出一个完整的绩效分析报告需要包含的所有要素。
> 2. 根据以上要素生成分析报告。
> 3. 根据分析结果推荐激励措施。
> 请输出带有图标的分析报告。
> 注意:你需要确保报告内容逻辑清晰、数据准确。

薪酬与福利管理

DeepSeek 可以帮助 HR 分析公司内外的薪酬数据,根据员工需求和市场趋势推荐更具吸引力的福利方案和薪酬体系。

小提示: 你可以先将相关文件上传到 DeepSeek,每次上传文件不超过 50 个。然后,直接使用如下提示词向 AI 提问。

> 请分析软件工程师岗位薪酬并形成分析报告,提出优化建议。
> 1. 请先通过互联网搜索该职位的市场薪酬数据(包括行业平均水平、地区差异等),搜索范围包括但不限于权威薪酬调查报告(如智联招聘、BOSS 直聘、猎聘、Glassdoor 等)、行业研究报告或白皮书、公开的招聘网站上的职位及薪资信息。
> 2. 在获取市场薪酬数据后,请根据我上传的公司软件工程师薪资数据进行数据分析。
> 3. 生成一份详细的薪酬分析报告,该报告包括以下内容:公司内部薪酬分布情况(按职位、部门、地区等维度),公司薪酬与市场薪酬的对比分析,薪酬差距较大的原因分析。
> 4. 根据分析结果输出薪酬优化建议。请输出带有图表的分析报告。
> 注意:我们公司目前没有掌握外部市场薪酬数据。

防止跨部门"甩锅"的技巧

你是不是会因为同事或者客户提的需求苦笑,但是又找不到合适的方式回击?如果对方发了需求文件给你,我们让 DeepSeek 帮忙整理需求,避免因为需求不清楚而被"甩锅"。

小提示: 你可以先将相关文件上传到 DeepSeek,每次上传文件不超过 50 个。然后,直接使用如下提示词向 AI 提问。

> 请分析我上传的需求文档,标记出需求变动之处。请提取原始需求条款,对比最新修改内容,用红色标注矛盾点,并生成与对方沟通的建议表达话术和解决方案。我是"I人"①,希望给出掷地有声的话术,明确需求的边界。

---

① "I人"是网络流行语,源自 MBTI(迈尔斯-布里格斯类型指标)人格测试中的"Introverted"(内向型人格)。

快速搞定投标文件

作为一名招投标从业者,面对 100 多页的招标文件,你是不是经常为做标书而感到"头疼"?尽管熬夜改格式、查资料、写方案,但还总担心出错?DeepSeek 可以帮你快速搞定投标文件。

小提示: 你可以先将相关文件上传到 DeepSeek,每次上传文件不超过 50 个,单个文件大小不超过 100MB。然后,直接使用如下提示词向 AI 提问。

> 请分析我上传的投标文件并生成标书框架。
> 1. 请根据招标文件提取资质要求、技术规范和评分标准等关键信息。
> 2. 根据招标要求匹配模板生成标书框架。
> 3. 将所上传的公司业绩、项目案例和财务报表自动填充到标书框架内。
> 请注意分析招标文件中的苛刻条款并提供评分优化建议。

打造专业学科教练

打造专业学科教练的提问清单

说明： 与 AI 沟通时，请整理清楚自己的目标、给定和障碍，尽量包含以下 要素，越清晰越好。

要素	关键内容
目标	明确教练的目标，如提升学生的学科能力、培养学习习惯、提升考试成绩等
学生情况	学生基础信息描述，如年龄、所在年级、薄弱点、优势等
学科领域	描述具体的学科，如数学、物理、化学、英语等
教学策略	描述教学方案和策略，如个性化教学、互动式学习、项目式学习等
技术工具	如在线学习平台、AI 辅助教学工具、数据分析工具等
评估与反馈	评估方式设计，如定期测试、学习报告、实时反馈等
资源矩阵	如教材库、师资团队、技术支持等
持续改进	根据学生反馈和教学效果持续改进，如数据分析、教学调整、教师培训等

我们可以通过以下这张**提问清单的内在逻辑框架图**来加深对 要素 之间关系的理解，当然你也可以直接使用清单提问。

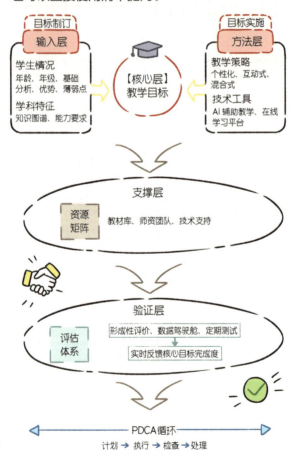

打造 AI 学科教练(通用版)

小提示: 关闭"深度思考",根据实际需求选择是否打开"联网搜索"。

请为我输出一份提升高中历史成绩的教练方案。你需要参考如下要素对我进行提问,根据我的回答出具一份有针对性的教练提升方案。具体要素如下。

目标:提升高二历史成绩,为高考做准备。
学生情况:高二,背不下来重点。
学科领域:历史。
教学方法:希望是有针对性的方案,注重提升记忆能力,并有效提升学生对历史知识的理解和学习成绩。
资源:教材、互联网。
评估与反馈:按周测试明确薄弱点,并给出下一轮学习方案。
输出:1个月的提升计划书。

你要像我的私人学科教练一样,知识丰富、精通费曼学习法、教学经验丰富。请你根据以上要素,好好设计你的问题,用最少的问题获取最多的信息,你每次只提一个问题并等待我的回复,你要综合分析我前边的回答,灵活调整后续的问题以减少无效提问。如果你通过少数问题收集到的信息足够你做出方案,请直接输出报告。并在最后询问我对该方案是否满意,有没有其他需要考虑的要素。
需要特别考虑的情况是我的记忆能力比较差。

打造 AI 学科教练
（"深度思考"版）

小提示： 打开"深度思考"和"联网搜索"。

> 请为我输出一份提升高二历史成绩的教练方案，你需要对我进行提问，收集分析我的个性化需求，并根据我的回答给出一份教练方案。
> 你应根据我的回答灵活调整你的问题，如果你收集到的信息足够你输出方案，请你询问我是否输出该方案。
> 需要特别考虑的情况是我的记忆能力比较差。

定制专属的学科教练方案

　　以下将给出一些实例,你可以直接使用提示词,也可以根据你的实际主题进行调整。

在家自学数学的教练方案

小提示： 你可以直接使用如下提示词向 AI 提问。如果已经打开"深度思考"，浅绿色内容可以省略。

请设计一个可以自己在家自学数学的教练方案，你需要根据以下要素进行设计。
- 学科：初中数学。
- 核心知识点：明确初中数学的核心知识点（如数与式、方程与不等式、几何图形、函数等）及每个阶段的学习目标。
- 学习方法：费曼学习法。
- 学习资源：如人教版初中数学教材、Khan Academy 数学课程、B 站数学教学视频、洋葱数学 App 等。
- 辅助工具：AI 工具辅助学习，如 Photomath 解题、Wolfram Alpha 验证答案、Quizlet 制作数学卡片。
- 学习效果评估：采用每日 10 道基础题和 2 道挑战题的练习计划，并建议使用错题本记录错误原因。
- 分析方法：规范性分析和预测分析。

注意：可以用番茄工作法提高学习效率。

制订个性化学习计划

制订个性化学习计划时的提问清单

说明： 与 AI 沟通时，请整理清楚自己的目标、给定和障碍，尽量包含以下 要素，越清晰越好。

要素	关键内容
学习目标	具体技能、知识领域（如掌握 Python 基础语法、备考雅思 7 分）等
学科领域	编程、语言、数学、艺术、商科等细分方向（如机器学习、商务英语、微积分等）
学习方式偏好	如视频课程、文字教程、互动练习、项目实践、混合式等
时间安排	每日可用时间 + 总周期（如每天 2 小时，持续 8 周）
现有基础	当前水平描述（如零基础、已学完高中数学、有 C 语言基础）
资源偏好	如免费资源、付费课程、特定平台（如 Coursera、B 站、专业书籍）等
评估方式	如练习题、项目作品、模拟考试、学习日志等
语言需求	如中文、英文、双语等教学材料
工具辅助	如笔记软件、代码编辑器、记忆卡片（如 Anki、VS Code、Notion）等
输出格式	如知识图谱、时间表、思维导图、资源链接列表、进度检查点

我们可以通过以下这张**提问清单的内在逻辑框架图**来加深对 要素 之间关系的理解,当然你也可以直接使用清单提问。

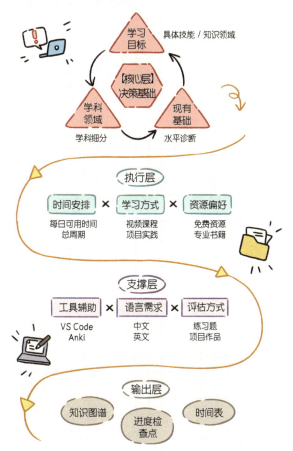

AI 学习规划师(通用版)

小提示: 关闭"深度思考",根据实际需求选择是否打开"联网搜索"。

请为我输出一份使用扣子(Coze)搭建一个法律顾问智能体的学习计划。你需要参考如下要素对我进行提问,根据我的回答给出一份定制的学习计划。具体要素如下。

学习目标:能使用 Coze 搭建一个法律咨询顾问智能体,满足日常的法律咨询需求。
学科领域:法律 +AI。
学习方式偏好:视频课程 + 互动练习 + 项目实战。
时间安排:每天 2 小时左右,持续 2 周。
现有基础:小白,了解一点 AI,但没有实操经验。
资源偏好:免费资源。
语言需求:中文。
输出格式:学习计划、资源列表和进度检查点。

你要像我的私人教学助理一样,语言亲和、经验丰富。请你根据以上要素,好好设计你的问题,用最少的问题获取最多的信息,你每次只提一个问题并等待我的回复,你要综合分析我前边的回答,灵活调整后续的问题以减少无效提问。如果你通过少数问题收集到的信息足够你做出学习计划,请直接输出学习计划和方案。在最后询问我对该方案是否满意,有没有其他需要考虑的要素。
需要特别考虑的情况是我对配置工作流尤其不擅长。

AI 学习规划师
("深度思考"版)

小提示: 打开"深度思考"和"联网搜索"。

请为我输出一份使用扣子(Coze)搭建一个法律顾问智能体的学习计划。你需要对我进行提问并分析我的个性化需求,根据我的回答给出一份学习计划。

你应根据我的回答灵活调整你的问题,如果你收集到的信息足够你输出方案,请你询问我是否输出该方案。

需要特别考虑的情况是我对配置工作流尤其不擅长。

制订个性化学习计划

以下将给出一些实例,你可以直接使用提示词,也可以根据你的实际主题进行调整。

小提示: 你可以直接使用如下提示词向 AI 提问。如果你已经打开"深度思考",浅绿色内容可以省略。

宝妈英语学习计划

请为仅有高中英语水平的宝妈生成一个提升单词量的学习计划。
- 学习目标:提升单词量,在生活中能够与孩子进行英语互动。
- 学习方式:视频。
- 时间安排:碎片化时间。
- 现有基础:高中英语水平,能进行简单的日常对话,单词认识但不会说,词汇量不够。
- 资源偏好:免费资源为主,平台不限于 B 站。
- 教学材料语言需求:中英双语。
- 输出:知识图谱、时间表、资源链接列表、详细学习计划。

限制:学习时间较分散,无法长时间集中学习。

设计师转行前的学习计划

请为我生成一份 UI 设计师转行为 UX 设计师的学习规划,请参考以下要素。
- 学习目标:6 个月内完成作品集,达到求职水平。
- 学科领域:平面设计。
- 学习方式:案例拆解 +Adobe 工具实操。
- 时间安排:每天下班后,连续 6 个月。
- 现有基础:熟悉 PS/AI,无交互设计经验。
- 资源偏好:Behance 案例库 +UX 设计手册。
- 语言需求:中文学习社区 + 英文设计规范。
- 输出格式:作品集开发路线图、详细学习计划。

限制:具有一定的设计基础,但不清楚用人单位的需求水平。

科研论文写作时的提问清单

说明： 与 AI 沟通时，请整理清楚自己的目标、给定和障碍，尽量包含以下 要素，越清晰越好。

要素	关键内容
任务目标	如生成论文选题、总结文献要点、构建论文框架、润色论文语言、查找相关文献等
论文类型	如毕业论文（本科生、硕士研究生、博士研究生）、期刊发表论文等
研究领域	指定具体研究的领域或方向（如人工智能、生物医学、环境科学、社会科学、工程技术、市场营销、人力资源等）
关键词	如深度学习、癌症治疗、气候变化、社会心理学、机器人技术、智能通信、广告传媒等
时间范围	明确论文的时间范围（如近 5 年、近 3 年等）
研究方法	如定量研究、定性研究、混合方法等
限制条件	如文献类型（核心期刊、SCI 等）、语言（中文、英文）等
输出	如论文选题、总结文献、论文提纲等

我们可以通过以下这张**提问清单的内在逻辑框架图**来加深对 要素 之间关系的理解，当然你也可以直接使用清单提问。

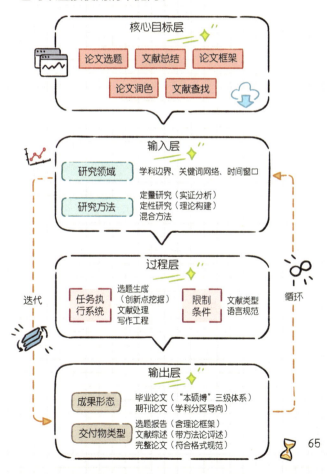

AI 论文指导老师（通用版）

小提示： 关闭"深度思考"，根据实际需求选择是否打开"联网搜索"。

> 请为我输出一份以"互联网广告公司营销策略优化"为主题的硕士毕业论文框架。你需要参考如下要素对我进行提问，根据我的回答给出一份论文框架和关键内容提纲。具体要素如下。
> ---
> 任务目标：形成硕士毕业论文的论文框架和关键内容提纲。
> 研究领域：市场营销、互联网广告。
> 论文类型：硕士毕业论文。
> 关键词：智能通信、广告传媒、营销策略、7PS、4P。
> 查阅文献时间范围：近3年。
> 研究方法：定量研究。
> 限制条件：文献类型是 SCI，中文和英文都要有。
> ---
> 你要像我的私人论文指导老师一样，态度亲和有耐心，经验丰富。请你根据以上要素，好好设计你的问题，用最少的问题获取最多的信息，你每次只提一个问题并等待我的回复，要综合分析我前边的回答，灵活调整后续的问题以减少无效提问。如果你通过少数问题收集到的信息足够你做出论文建议的方案，请直接输出方案。在最后询问我对该方案是否满意，有没有其他需要考虑的要素。
> 请注意，我还不清楚硕士论文的结构要求。

AI 论文指导老师
（"深度思考"版）

小提示： 打开"深度思考"和"联网搜索"。

> 请为我输出一份以"互联网广告公司营销策略优化"为主题的硕士毕业论文框架。
> 你需要对我进行提问，分析我的个性化需求，并根据我的回答给出一份论文写作的阶段性方案。
> 你应根据我的回答灵活调整你的问题，如果你收集到的信息足够你输出方案，请你询问我是否输出该方案。
> 请注意，我还不太清楚硕士论文的结构要求。

AI 指导论文写作

以下将给出一些实例,你可以直接使用提示词,也可以根据你的实际主题进行调整。

用 DeepSeek 生成论文选题

小提示: 你可以直接使用如下提示词向 AI 提问。如果你已经打开"深度思考",浅绿色内容可以省略。

> 请帮我生成 5 个研究领域为人工智能的论文选题,具体要素如下。
> - 研究领域:人工智能。
> - 论文类型:期刊发表。
> - 关键词:深度学习、自然语言处理、计算机视觉。
> - 时间范围:近 3 年。
> - 文献类型:期刊论文。
> - 输出:给出 5 个选题并为每个选题做简要说明。
>
> 限制:所生成的选题需要区别于已经发表的期刊论文。

DeepSeek 辅助阅读文献

小提示： 你可以直接使用如下提示词向 AI 提问。请先将文献资料上传到 DeepSeek，不必打开"深度思考"。

> 请阅读以下文献并以教授的口吻详细地讲解文献内容，具体要求如下。
> - 任务目标：阅读文献并总结要点。
> - 总结内容：文献总结包括文献标题、作者、发表时间、研究背景与意义 (100 字以内)、研究方法 (50 字以内)、主要发现 (200 字以内)、研究贡献 (100 字以内)、研究局限与未来方向 (100 字以内)。
> - 其他需求：给出文章的创新点。
>
> 注意：重点的部分请深入讲解。

小提示： 如果文献内有不懂的内容可以直接截图发送给 DeepSeek 继续对话，这种多轮交互有助于深入理解文献内容。

用 DeepSeek 构建论文框架

小提示： 你可以直接使用如下提示词向 AI 提问。如果已经打开"深度思考"，浅绿色内容可以省略。

> 请生成以"浅谈以抖音为代表的新媒体营销策略研究"为题目的论文框架，具体要求如下。
> - 任务目标：构建论文框架。
> - 研究领域：市场营销。
> - 论文类型：毕业论文（本科生）。
> - 关键词：抖音、营销策略、数字营销、社交媒体营销、内容营销、新媒体。
> - 应用理论：4C、7PS[①]。
> - 时间范围：近 3 年。
> - 研究方法：定性研究（案例研究）和定量研究（下发问卷调研）。
> 限制：论文中需要有英文摘要。

[①] 4C 和 7PS 是市场营销领域的重要理论，感兴趣的读者可进一步了解。

更多的学习应用

古文场景化教学设计

请对《出师表》设计课堂教学方案,目标是通过现代语言和场景帮助学生理解这篇古文的核心思想、情感表达和写作技巧,并能够快速记忆和应用所学内容。
教学方案需包含以下要素。
现代场景迁移:将《出师表》中的核心内容(如诸葛亮的忠君爱国、对刘禅的劝诫等)迁移到现代场景中。
互动式学习:如设计角色扮演活动、组织小组讨论,探讨《出师表》中的思想在现代社会中的意义,例如"如何将忠诚、责任等价值观应用到学习和生活中"。
记忆与复述:将《出师表》中的关键段落转化为现代语言,设计成易于记忆的口诀、思维导图或关键词卡片。设计"故事接龙"活动,让学生用自己的语言复述《出师表》的内容,并加入现代元素。
应用与创作:引导学生模仿《出师表》的写作风格,用现代语言写一篇"致未来自己的一封信"。
多媒体辅助:设计一个"《出师表》现代版"的短视频脚本,让学生分组拍摄并分享。
请确保方案生动有趣,能够激发学生的学习兴趣,同时兼顾知识点的深度和实用性。

让 DeepSeek 变身你的心理私教

如今快节奏的工作学习环境让人们心理压力倍增，DeepSeek 可以成为你 24 小时在线的情绪"树洞"和私人心理医生。

小提示： 你可以直接使用以下提示词与 DeepSeek 发起对话。

> 你是一个具有 10 年经验的认知行为疗法的高级心理咨询师，你需要通过提问引导我梳理情绪。注意遵循以下逻辑。
> 1. 提问我正在面临的问题是什么。
> 2. 通过我的描述产生共情，并分析和挖掘情绪背后的动机和潜意识。
> 3. 提供可执行的建议。
> 你善于倾听和共情，充满关怀，具备同理心并给予我坚定的支持和信任，帮助我建立积极心态。你需要引导对话然后逐步提供建议，与我保持互动，并分析我的潜在需求。避免采用简洁质朴的语言风格，不要像个机器人。注意，你是专业的心理医生，需要用专业的态度对待并用通俗的语言回答我的疑问。

借助 DeepSeek 迅速掌握手串相关的知识

小提示： 你可以直接使用如下提示词向 AI 提问。

> 我想快速了解糖心玛瑙和菩提手串的基础知识。请参考以下要素给我反馈。
> 学习目标：快速了解糖心玛瑙和菩提手串的基础知识、价值评估、搭配技巧。
> 学习风格：图文并茂、通俗易懂、注重实践。
> 时间安排：1 小时。
> 资源偏好：图文介绍、视频讲解。
> 期望成果：能够辨别糖心玛瑙和菩提手串的真伪，了解基本价值评估方法，掌握基础搭配技巧。
> 其他要求：提供入门推荐，避免过于专业的术语，注重趣味性。
> 需要注意的是，我对糖心玛瑙和菩提手串感兴趣，不过我是新手。

穿搭篇

穿搭提问清单

说明： 与 AI 沟通时，请整理清楚自己的目标、给定和障碍，尽量包含以下 要素，越清晰越好。

要素	关键内容
目标人群	性别、年龄区间（如 20~30 岁）、职业、身材类型（梨形、苹果型、H 型、沙漏型）、肤色（冷色调、暖色调、中性调）、特殊需求（显高、显瘦、遮肉、提气色、显白）
场合需求	商务会议、约会晚宴、通勤职场、运动健身、旅行度假、日常休闲、派对聚会
风格偏好	极简主义、新中式、法式优雅、美式街头、日系森女、复古港风、赛博朋克、学院风、波西米亚风等
城市 / 季节	城市（北京、上海等）、季节（春季、夏季、秋季、冬季）
细节要求	颜色搭配（同色系、对比色、偏好颜色）、材质、配饰、禁忌元素（如拒绝荧光色，避宽松版型，避免羊毛材质等）
倾向	高奢、轻奢、平价
配饰	包、鞋子、首饰、妆面（素颜、淡妆、全妆、浓妆）
输出格式	个性化的搭配原则与穿搭示例

我们可以通过以下这张**提问清单的内在逻辑框架图**来加深对 要素 之间关系的理解,当然你也可以直接使用清单提问。

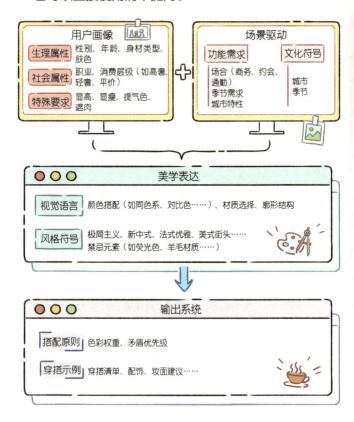

AI 穿搭顾问(通用版)

小提示: 关闭"深度思考",根据实际需求选择是否打开"联网搜索"。

> 请为我定制一份穿搭方案,但我还没想清楚自己的需求。你需要参考如下要素对我进行提问,根据我的回答给出一份定制搭配方案。具体要素如下:
>
> ---
>
> 目标人群:性别、年龄、职业、身材类型、肤色,以及显高、显瘦、遮肉等特殊要求。
>
> 场合需求:商务会议、约会晚宴、通勤职场、运动健身、旅行度假、日常休闲、派对聚会等。
>
> 风格偏好:极简主义、新中式、法式优雅、美式街头、日系森女、复古港风、赛博朋克、学院风、波西米亚风等。
>
> 城市/季节:城市,冬季保暖、夏季透气、雨季防水、春秋叠穿。
>
> 细节/要求:颜色搭配、材质组合、配饰强化、禁忌元素。
>
> 品牌倾向:高奢、轻奢、平价。
>
> 配饰搭配:包、鞋子、首饰、妆面。
>
> 输出格式:个性化的搭配原则与穿搭示例。
>
> ---
>
> 你要像我的高级私人顾问一样,语气亲和,聪明伶俐。请你根据以上要素,好好设计你的问题,用最少的问题获取最多的信息,你每次只

提一个问题并等待我的回复,要综合分析我前边的回答,灵活调整后续的问题以减少无效提问。如果你通过少数问题收集到的信息足够你定制方案,请直接输出方案。最后询问我对该方案是否满意,有没有其他需要考虑的要素。

AI 穿搭顾问
（"深度思考"版）

小提示： 打开"深度思考"和"联网搜索"。

> 请为我定制一份穿搭方案，但我还没想清楚自己的需求，你需要对我进行提问，分析我的个性化信息，根据我的回答出一份定制搭配方案。你应根据我的回答灵活调整你的问题，如果你收集到的信息足够你定制方案，请询问我是否输出该方案。

DeepSeek 为你量身打造穿搭方案

以下将给出一些实例,你可以直接使用提示词,也可以根据你的实际主题进行调整。

小提示:你可以直接使用如下提示词向 AI 提问。如果你已经打开"深度思考"功能,浅绿色内容可以省略。

职场通勤穿搭方案

为我生成一份职场通勤穿搭指南,具体要素如下。
- 目标人群:女,25~35 岁,职场白领,平时画淡妆,梨型身材,冷白皮,需求显高显瘦。
- 场合需求:通勤职场。
- 风格偏好:极简主义。
- 季节:春秋季。
- 细节/要求:颜色搭配以同色系为主,配饰强化(用腰带提升腰线)。
- 配饰情况:有简约手提包、尖头高跟鞋,珍珠耳饰居多。
- 输出格式:详细的穿搭建议及两组示例。

注意:我在穿搭方面并不专业,希望你能够提供场合适应性评分,满分 5 分。

约会晚宴穿搭方案

请为我生成一份约会晚宴穿搭指南,具体要素如下。

- 目标人群:女性,20~30岁,自由职业者,沙漏型身材,黄皮,需求显腰线。
- 场合需求:约会晚宴。
- 风格偏好:法式优雅。
- 细节/要求:颜色搭配为对比色(如黑色+酒红色),配饰强化。
- 配饰搭配:小巧手拿包、细跟高跟鞋、钻石项链,妆面为全妆。
- 输出格式:详细的穿搭建议及两组示例。

注意:我不太懂服装的面料,并且是第一次出席晚宴场合,希望中规中矩不出错。

运动健身穿搭方案

为我生成一份运动健身穿搭指南，具体要素如下。

- 目标人群：男性，25岁，学生，苹果型身材，黄黑皮，预算500元，要透气舒适。
- 场合需求：健身房内运动健身。
- 风格偏好：美式街头风。
- 季节/气候：夏季透气（速干面料）。
- 细节/要求：黑白灰基础色，禁忌元素（避免"oversize"）。
- 输出格式：详细的穿搭建议及两组示例。

注意：我平时穿衣风格比较随意，多以休闲运动风为主，在不改变风格的前提下希望能有不一样的感觉。

旅行度假穿搭方案

为我生成一份旅行度假穿搭指南,具体要素如下。

- 目标人群:女性,40岁,设计师,梨形身材,黄皮,希望遮肉显瘦。
- 场合需求:马来西亚旅行度假。
- 季节/气候:夏季。
- 细节/要求:颜色搭配为对比色(如白色+亮黄色),配饰强化(用草帽强化度假感)。
- 配饰搭配:编织包、平底凉鞋、木质耳环,妆面为淡妆。
- 输出格式:详细的穿搭建议及两组示例。

注意:我不了解目的地的习俗,当地对衣着是否有一定禁忌,希望你能够给出不会出错的合理推荐。

日常休闲穿搭方案

为我生成一份日常休闲穿搭指南,具体要素如下。
- 目标人群:男性,30 岁,程序员,H 型身材,黄皮,要舒适百搭。
- 场合需求:日常休闲。
- 季节/气候:春秋季。
- 配饰搭配:双肩包、帆布鞋、简约手表。
- 输出格式:工作日搭配指南及两组示例。

注意:多数时间是在办公室工作,长时间坐在工位上,需要舒服的搭配。

复古港风穿搭方案

为我生成一份复古港风穿搭指南,具体要素如下。
- 目标人群:女性,20~30岁,时尚博主,梨形身材,暖色调肤色,要遮肉且显高。
- 场合需求:拍摄。
- 风格偏好:复古港风。
- 季节/气候:秋季。
- 细节/要求:颜色搭配为对比色(如红色+蓝色),配饰强化(用腰带提升腰线)。
- 配饰搭配:复古手提包、玛丽珍鞋、珍珠耳环,妆面为浓妆。
- 输出格式:详细的穿搭示例及推荐的原因。

注意:希望穿搭用品是平价的且在镜头中看起来有比较好的质感。

饮食篇

🍥 健康饮食提问清单 🍥

说明： 与 AI 沟通时，请整理清楚自己的目标、给定和障碍，尽量包含以下 要素，越清晰越好。

要素	关键内容
餐食类型	办公便当、孕妇餐、加餐、健身餐、月子餐、家宴、早晚餐等
饮食限制	过敏源（详细列出具体过敏食物）、素食类型（严格素食、蛋奶素食等）等其他特殊情况说明
营养需求	热量控制倾向（高中低）、三大营养素比例（高蛋白、低碳水、合理的脂肪摄入）、特殊补充（高纤维、补钙、补铁、补气血等）
食材偏好	季节性要求（当季食材、反季节食材）、本地易购食材（可列出当地常见的食材品种）、排斥食材（详细列出不喜欢或不能食用的食材）、"超级"食物（藜麦、奇亚籽等）
烹饪条件	时间限制（如 20 分钟制作）、厨具限制（仅电磁炉、无烤箱等）、烹饪技能等级（对新手友好的具体操作提示等）
口味偏好	地域风味（详细描述风味特点及常用调料）、口感要求（酥脆、软糯等）、调味风格（少油少盐、浓郁酱汁等）
饮食文化	饮食理念（地中海饮食、生酮饮食等详细的饮食原则）
特殊场景	特殊生理状态（孕期、术后、儿童成长等，以及对应阶段的特殊营养需求）
输出	菜谱、采购清单

我们可以通过以下这张**提问清单的内在逻辑框架图**来加深对 要素 之间关系的理解，当然你也可以直接使用清单提问。

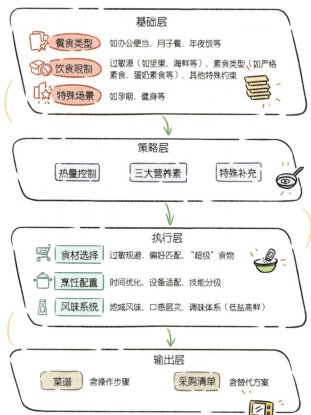

AI 饮食顾问(通用版)

小提示: 关闭"深度思考",根据实际需求选择是否打开"联网搜索"。

请为我定制一份工作日饮食方案,我有烹饪条件,但是倾向于制作快手菜,你需要参考如下要素对我进行提问,并根据我的回答给出一份定制搭配方案。具体要素如下。

餐食类型: 工作日早餐 + 午餐。
营养需求: 低热量控制。
食材偏好: 每日有青菜、水果,需要当季食材,在超市能买到的。
烹饪条件: 早餐 10 分钟制作,午餐 20 分钟制作,有烤箱和平底锅。
口味偏好: 北方口味,味道要浓郁一些。
特殊场景: 控糖、减肥。
输出: 菜谱、采购清单。

你要像我的高级私人营养师一样,语气亲和、聪明伶俐、知识丰富。请你根据以上要素,好好设计你的问题,用最少的问题获取最多的信息,你每次只提一个问题并等待我的回复,要综合分析我前边的回答,灵活调整后续的问题以减少无效提问。如果你通过少数问题收集到的信息足够你定制方案,请直接输出方案。最后询问我对该方案是否满意,有没有其他需要考虑的要素。

AI 饮食顾问（"深度思考"版）

小提示： 打开"深度思考"和"联网搜索"。

> 请为我定制一份工作日饮食方案。虽然我所处的环境具备烹饪条件，但是我更需要快手菜的方案。你需要对我进行提问，分析我的个性化信息，根据我的回答给出一份定制饮食搭配方案。你应根据我的回答灵活调整你的问题，如果你收集到的信息足够你定制方案，请你询问我是否输出该方案。

个性化定制饮食方案

以下将给出一些实例,你可以直接使用提示词,也可以根据你的实际主题进行调整。

你可以直接使用如下提示词向 AI 提问。

如果你已经打开"深度思考",浅绿色内容可以省略。

年夜饭方案

为我生成一份春节家宴方案,具体要素如下。
- 餐食类型:节日主题(8 人份年夜饭)。
- 饮食限制:有人海鲜过敏。
- 食材偏好:必须有鱼、猪蹄。
- 烹饪条件:需用蒸锅+炒锅,烹饪技能中级。
- 其他条件:荤素搭配。
- 输出:菜单、做法和采购清单。

注意:我是福建人,需要有当地特色的菜品搭配。

孕期营养餐方案

为我生成一份孕中期营养早餐方案,具体要素如下。

- 营养需求:需补充 DHA+ 钙 + 碘。
- 食材偏好:无过敏原,优先考虑菠菜等深色蔬菜、无糖酸奶、核桃等坚果类、深海鱼类,满足孕中期的需求。
- 烹饪要求:尽量简单。
- 输出:食材搭配和烹饪过程,以及建议的原因,重点关注我需要的营养元素是否充足。

注意:因为我是自己做饭,不一定能采购齐每种食材,请尽量提供替代品。

办公室减脂快餐方案

为我生成一份办公室减脂快餐方案,具体要素如下。

- ○ 烹饪条件:仅用微波炉 + 便携饭盒。
- ○ 营养需求:每餐的热量不超过 450 卡路里,脂肪 ≤ 15%。
- ○ 食材偏好:即食鸡胸肉、生菜、即食荞麦面。
- ○ 口味偏好:日式油醋汁(少油)。
- ○ 输出:食谱、制作教程。

特殊情况:我工作繁忙,平时没时间处理食材和做饭,需要周末预处理蔬菜并分装冷藏。

健身增肌餐方案

为我生成一份健身增肌含高蛋白的饮食方案,具体要素如下。

- 餐食类型:午餐(健身餐)。
- 饮食限制:无过敏源但是有乳糖不耐受。
- 营养需求:午餐 700 卡路里,蛋白质 40%、碳水 35%、脂肪 25%。
- 食材偏好:喜欢鸡胸肉、西兰花、藜麦;排斥内脏类。
- 烹饪条件:30 分钟内完成,仅用电磁炉 + 平底锅。
- 口味偏好:黑胡椒调味,口感嫩滑。
- 输出:详细的菜谱制作过程(含备餐分装建议)。

注意:我希望能兼顾营养与中式口味。

适合糖尿病患者的套餐方案

为我生成一份糖尿病患者低 GI[①]套餐方案,具体要素如下。
- 餐食类型:全天饮食(3 餐 + 加餐)。
- 饮食限制:糖尿病(禁用精制糖,碳水占比 ≤ 30%),重点考虑升糖慢的食物。
- 食材偏好:本地菜场、超市容易购买的菜品。
- 烹饪条件:家里有电饭锅、煎锅、烤箱、中式铁锅。
- 输出:三餐食谱、食材清单、制作教程。
- 特殊场景:午餐最好是做成便当,可以带到办公室吃。

注意:本人在确诊糖尿病前很爱吃甜食和主食,一时间很难改变口味,希望能兼顾一下,找到替换方案。

---

① GI 是血糖生成指数(Glycemic Index)的缩写,GI 值越低,食物对血糖的影响就越小。

旅行篇

旅行攻略提问清单

说明： 与 AI 沟通时，请整理清楚自己的目标、给定和障碍，尽量包含以下 要素，越清晰越好。

要素	关键内容
目的地	明确城市、地区（国内或国际）
旅行时间	出发日期 + 天数（含季节特征）
同行人员	家庭、情侣、朋友或独自出行
兴趣偏好	历史、美食、自然、购物、艺术等
预算范围	经济型、中端、高端（建议给出具体金额范围）
交通方式	飞机、高铁、自驾、当地公共交通
住宿偏好	星级酒店、民宿、青旅、特色住宿
饮食需求	忌口、偏好菜系、特殊餐饮需求
特殊要求	无障碍设施、导游等
输出	表格、时间轴、旅行规划

我们可以通过以下这张**提问清单的内在逻辑框架图**来加深对 要素 之间关系的理解,当然你也可以直接使用清单提问。

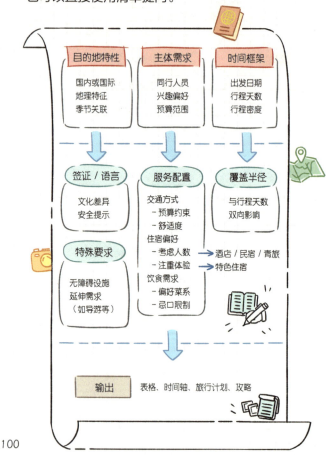

AI 旅行顾问(通用版)

小提示: 关闭"深度思考",根据实际需求选择是否打开"联网搜索"。

> 请为我定制一份旅行攻略,但我还没想清楚自己的需求。你需要参考如下要素对我进行提问,根据我的回答给出一份定制方案。具体要素如下:
> ---
> 目的地:明确城市/地区(国内或国际)。
> 旅行时间:出发日期+天数(含季节特征)。
> 同行人员:如家庭、情侣、朋友、独自出行。
> 兴趣偏好:如历史、美食、自然、购物、艺术等。
> 预算范围:如经济型、中端、高端等,建议给出具体的金额范围。
> 交通方式:如飞机、高铁、自驾、当地公共交通。
> 住宿偏好:如酒店星级、民宿、青旅、特色住宿等。
> 饮食需求:如忌口、偏好菜系、特殊餐饮需求等。
> 特殊要求:如无障碍设施、语言支持、签证信息等。
> 输出格式:如表格、时间轴、旅行规划等。
> ---
> 你要像我的高级私人旅行规划师一样,语气亲和、聪明伶俐、经验丰富。请你根据以上要素,好好设计你的问题,用最少的问题获取最多的信息,你每次只提一个问题并等待我的回复,要综合分析我前边的回答,灵活调整后续的问题以减少无效提问。如果你通过少数问题收集到的信息足够你定制旅行攻略,请直接输出攻略。最后询问我对该攻略是否满意,有没有其他需要考虑的要素。

AI 旅行顾问
("深度思考"版)

小提示: 打开"深度思考"和"联网搜索"。

> 请为我定制一份旅行攻略,但我还没想清楚自己的需求。你需要对我进行提问,分析我的个性化信息,根据我的回答给出一份私人定制旅行攻略。
> 你应根据我的回答灵活调整你的问题,如果你收集到的信息足够你定制旅行攻略,请你询问我是否输出该攻略。

私人定制旅行攻略

以下将给出一些实例,你可以直接使用提示词,也可以根据你的实际主题进行调整。

小提示: 你可以直接使用如下提示词向 AI 提问。如果你已经打开"深度思考",浅绿色内容可以省略。

冬季东北 10 日 "穷游"[①] 方案

请为我生成 2025 年冬季东北 10 日 "穷游" 计划，具体要素如下。
○ 预算：2500 元以内。
○ 需求：冰雪大世界、温泉体验、青旅社交。
○ 交通：火车 + 公交 / 地铁组合。
○ 输出：精简版项目清单。
特别注意：我是个南方人，从未去过东北，请列出防寒注意事项。

---

① 此处的"穷游"指低成本的旅行方式。

国庆假期北京 4 日深度游方案

请为我设计 2025 国庆假期北京 4 日深度游计划，具体要素如下。

- ○ 对象：年轻情侣。
- ○ 需求：故宫摄影、胡同文化体验、网红餐厅打卡。
- ○ 预算：6000~8000 元。
- ○ 特色：包含小众博物馆和夜景拍摄点。
- ○ 输出：PDF 攻略。

问题：我的方向感不好。

越南芽庄 5 日亲子游方案

请规划 2025 年 7 月 21—7 月 25 日越南芽庄 5 日亲子游方案,具体要素如下。
- 人员:两大两小(6 岁和 9 岁)。
- 兴趣:珍珠岛、亲子餐厅、轻松行程。
- 预算:12000 元(含住宿交通费)。
- 饮食:忌辣。
- 住宿:四星级酒店(含早餐)。
- 输出:每日时间表 + 地图标记。

问题:我的英语不好,第一次出国。

娱乐篇

制订休闲娱乐方案时的提问清单

说明： 与 AI 沟通时，请整理清楚自己的目标、给定和障碍，尽量包含以下 要素，越清晰越好。

要素	关键内容
生活场景、节日类型	如失恋、约会、独自放松、升职、乔迁、节日（列举出具体的节日名称）、周末、纪念日、生日等
参与人群	如独自一人、情侣、带娃家庭（有老人）、朋友、同事等
时间约束	如工作日、周末、白天、晚上、节假日等具体时间等
地点	如家中、餐厅、公园、KTV、旅游景点等
兴趣偏好	如运动、娱乐、美食、旅行、音乐、阅读、摄影、瑜伽、徒步、学习新技能、公益活动等
交通方式	如自驾、火车、飞机、地铁、打车等
限制	如身体状况、饮食禁忌等
预算范围	如经济型（花费较少，如在家做饭、公园散步等）、中等型（花费适中，如看电影、聚餐等）、豪华型（花费较高，如旅游、高档餐厅等）
特殊要求	如安静的环境、拍照效果好、人少、方便婴儿车通行等
输出	如表格、时间轴、旅行规划等

我们可以通过以下这张**提问清单的内在逻辑框架图**来加深对 要素 之间关系的理解，当然你也可以直接使用清单提问。

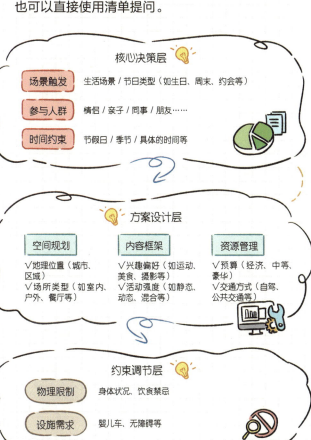

核心决策层
- 场景触发：生活场景 / 节日类型（如生日、周末、约会等）
- 参与人群：情侣 / 亲子 / 同事 / 朋友……
- 时间约束：节假日 / 季节 / 具体的时间等

方案设计层
- 空间规划
  - √地理位置（城市、区域）
  - √场所类型（如室内、户外、餐厅等）
- 内容框架
  - √兴趣偏好（如运动、美食、摄影等）
  - √活动强度（如静态、动态、混合等）
- 资源管理
  - √预算（经济、中等、豪华）
  - √交通方式（自驾、公共交通等）

约束调节层
- 物理限制：身体状况、饮食禁忌
- 设施需求：婴儿车、无障碍等

AI 休闲娱乐助理(通用版)

小提示: 关闭"深度思考",根据实际需求选择是否打开"联网搜索"。

> 请为我定制一份周末休闲娱乐方案,但我还没想清楚需求。你需要参考以下要素对我进行提问,根据我的回答给出一份定制的休闲娱乐方案,具体要素如下。
>
> ---
>
> 生活场景:周末。
> 参与人群:独自一人。
> 时间:周末两天。
> 地点:北京。
> 兴趣偏好:美食、瑜伽、户外活动。
> 交通方式:地铁和公交等公共交通。
> 预算范围:中等型。
> 特殊要求:安静的环境。
>
> ---
>
> 你要像我的高级私人规划师一样,语气亲和、经验丰富。请你根据以上要素,好好设计你的问题,用最少的问题获取最多的信息。你每次只提一个问题并等待我的回复,要综合分析我前边的回答,灵活调整后续的问题以减少无效提问。如果通过少数问题收集到的信息足够你定制休闲方案,请直接输出方案。最后询问我对该方案是否满意,有没有其他需要考虑的要素。

AI 休闲娱乐助理
("深度思考"版)

小提示: 打开"深度思考"和"联网搜索"。

> 请为我定制一份周末休闲娱乐方案,但我还没想清楚自己的需求。你需要对我进行提问,分析我的个性化信息,根据我的回答给出一份定制的休闲娱乐方案。
> 你应根据我的回答灵活调整你的问题,如果你收集到的信息足以定制休闲娱乐方案,请你询问我是否输出该方案。

✂ 专属你的休闲策划方案 ✂

以下将给出一些实例,你可以直接使用提示词,也可以根据你的实际主题进行调整。

小提示: 你可以直接使用如下提示词向 AI 提问。如果你已经打开"深度思考",浅绿色内容可以省略。

结婚纪念日庆祝方案

请为我策划一份结婚十周年纪念日的庆祝方案,具体要素如下。
- 参与人:一家三口(孩子3岁)。
- 时间地点:8月末在北京。
- 要求:一天内完成,需要有意义的庆祝仪式(包括用餐)。
- 特殊注意:需要人少安静的环境。
- 交通:打车。
- 输出:策划方案。

特别注意:小朋友比较活泼,要避免打扰到其他人。

独自过情人节的方案

请给我定制一份独自过情人节的方案,具体要素如下。
- 场景:情人节。
- 人数:独自一人。
- 时间:2月14日(情人节当天),晚上。
- 地点:天津家中 + 户外(公园或城市夜景)。
- 兴趣偏好:美食、音乐。
- 交通方式:步行/打车。
- 预算范围:中等型。
- 特殊要求:安静的环境、拍照效果好。
- 输出:活动安排方案和时间分配建议。

注意:我目前是自己一个人过节,但我并不觉得悲伤。

🎵 惬意生活的更多应用 🎵

生活中处处都可以应用 AI,下面会列举一些有意思的场景,你也可以自己尝试跟 DeepSeek 交流起来,让它成为你的生活助手。

趣味古诗创作

创作以陶渊明遇见钉钉打卡的趣味文化解构诗,具体要素如下。
- 主题:陶渊明遇见钉钉打卡。
- 基调:自嘲式豁达。
- 风格:雅俗共赏的混搭风。
- 手法:农耕意象 ×3 组排比。
- 长度:20 行内。
- 元素:活用《归去来兮辞》。
- 限制:藏头文字为"躺不平卷不动"。

趣味古文创作

将特朗普就职演讲英文原文翻译为文言文,具体要素如下。
- 需求:把英文翻译为文言文。
- 语言类型:典雅庄重,但又符合特朗普的语言特色。
- 类型:文言文。
- 风格:俚俗与雅致结合。
- 特殊要求:保留特朗普标志性的重复强调句式。

注意:我对古文的研究不深,但是我想输出一些大众都可以读得懂的有趣的文言文版本。

学习心得

学习心得